身边的发明史小剧场

坦白说，面包的诞生是个意外

| 吴铭裕 | 著　　| 葛劲含 | 绘

海峡出版发行集团
福建科学技术出版社

图书在版编目（CIP）数据

坦白说，面包的诞生是个意外 / 吴铭裕著；葛劲含绘. —福州：福建科学技术出版社，2025.1
（身边的发明史小剧场）
ISBN 978-7-5335-7233-4

Ⅰ.①坦… Ⅱ.①吴… ②葛… Ⅲ.①面包 – 烘焙 – 历史 – 少儿读物 Ⅳ.①TS213.21-49

中国国家版本馆CIP数据核字(2024)第057457号

出 版 人	郭　武
责任编辑	李国渊
编辑助理	吴洁琼
装帧设计	余景雯
责任校对	王　钦

坦白说，面包的诞生是个意外　TANBAI SHUO, MIANBAO DE DANSHENG SHI GE YIWAI
身边的发明史小剧场

著　　者	吴铭裕
绘　　者	葛劲含
出版发行	福建科学技术出版社
社　　址	福州市东水路76号（邮编350001）
网　　址	www.fjstp.com
经　　销	福建新华发行（集团）有限责任公司
印　　刷	福建省金盾彩色印刷有限公司
开　　本	720毫米×1020毫米　1/16
印　　张	7.5
字　　数	80千字
版　　次	2025年1月第1版
印　　次	2025年1月第1次印刷
书　　号	ISBN 978-7-5335-7233-4
定　　价	26.00元

书中如有印装质量问题，可直接向本社调换。
版权所有，翻印必究。

作者序

穿越时空,来一场面包发明之旅

每当走进面包店,看见琳琅满目的金黄面包,伴随扑鼻的面包香,总是让人心情愉悦。当我着手写这套趣味发明史时,第一时间就想到我最爱吃的"面包"。你知道吗?面包有着上万年的历史!你是否和我一样好奇,在那么古老的时代,人类是如何将面包发明出来的?这次,爱思小学的老师和同学们将通过VR(虚拟现实)设备,穿越时空回到史前时代,一探面包发明的究竟。

人类的需求催生了各种发明,发明又改变了人类的生活。史前的人为了更好地食用

1

小麦等谷物,绞尽脑汁多番尝试,竟然发明了面包。面包的诞生,不只是填饱人们的肚子,更进一步推动了文明的发展。很久很久以前,人类狩猎野兽、采集野果,过着居无定所的生活;后来,人类定居并种植谷物,开始了农牧生活,村庄和城市文明也随之诞生。经过人们的不断发明创造,谷物变身为我们今天生活中的面包。

人类最初发明的面包是什么样子的呢?想必滋味十分美妙?答案可能会令你失望,最初发明的面包又扁又硬,以现代人的标准,根本称不上好吃。但发明并非一蹴而就,还须累积许多的经验和巧思,才能做出蓬

松柔软的面包。我在研究面包时，发现许多有趣的故事：你一定很难想象，现在稀松平常的白面包，过去却是贵族才吃得起的昂贵食物，一般人只能吃又黑又硬的面包；为了让做出来的面包看起来更白，不法商人甚至推出有害健康的漂白面包；科学家发现，古埃及人的牙齿磨坏了竟是因为面包；面包不只西方有，中国的诸葛亮也发明了面包，而这背后其实另有原因……

面包里还藏着奇妙的科学。当你吃面包时，是否观察到面包中有许多孔洞，这是什么原因造成的？难道这就是面包蓬松柔软的秘密？本书

除了告诉你面包发明的历史,也将揭开从挑选面粉、制作面团、烤前发酵到烘焙出一块美味面包的秘密。此外,我还设计了三个简便有趣的小实验,希望小朋友们可以手脑并用,观察面包科学的奇妙现象,帮助自己深入理解阅读到的知识。

当你看完这本书,相信你已经成为一位面包小能手了,可以考考同学们你学到的面包知识,还可以告诉爸爸妈妈,吃不完的面包该如何保存。当你下次走进面包店,挑选健康又美味的面包后,一定能品尝出不同以往的滋味。

吴铭裕

前情提要

前进！VR 虚拟世界探险

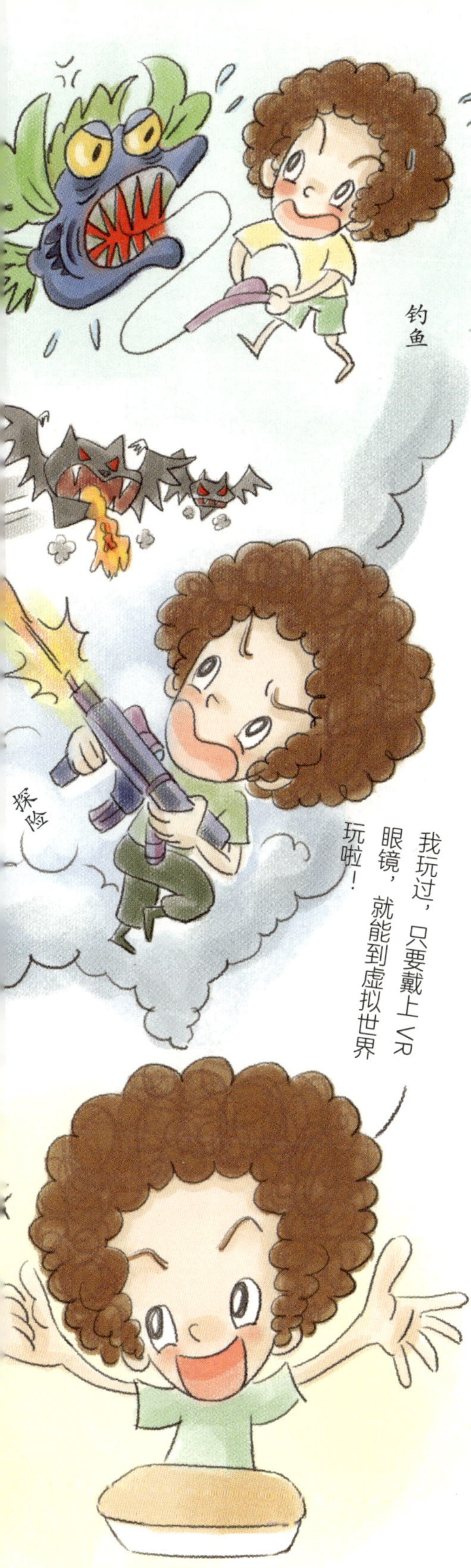

钓鱼
探险
我玩过，只要戴上 VR 眼镜，就能到虚拟世界玩啦！

huí dào jiào shì
回到教室，
tóng xué men hào qí zěn me
同学们好奇怎么
shǐ yòng xū nǐ
使用 VR（虚拟
xiàn shí shè bèi shàng
现实）设备上
kè qiáng péng sāo sao
课。强朋搔搔
tóu wèn shén me
头，问：“什么
shì a
是 VR 啊？”

jiù shì
“就是……
nà ge lán duō
那个……”蓝多
lǎo shī zhī zhi wū wū
老师支支吾吾，
yì shí yǔ sè
一时语塞。

VR

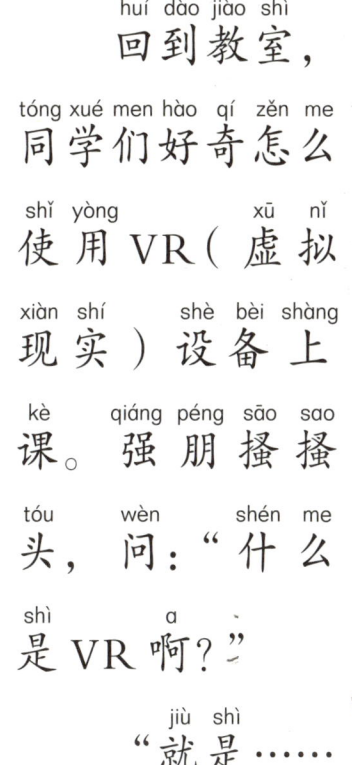

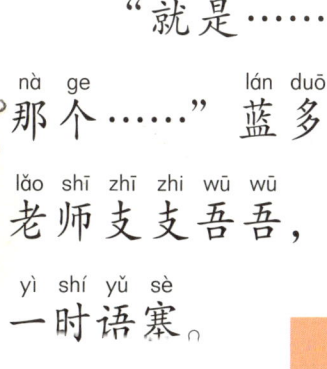

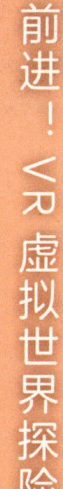

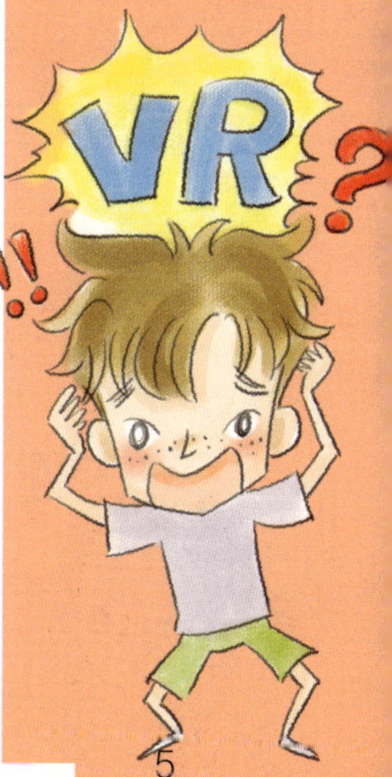

攀岩

VR设备会感应身体的动作，代替游戏摇杆。

我们还可以变换造型，跟好朋友一起玩！

没错，说得太棒了！

班里同学们七嘴八舌说个不停。强朋开心地说："妈妈不准我玩电玩，没想到在学校可以光明正大地玩了！"

蓝多老师接着说："这个VR设备不仅可以玩游戏，还能用来上课，带我们穿越时空到各地探险，想不想试试看呢？"

"想！"于是，同学们迫不及待地跟蓝多老师前往教室。

大家戴上VR眼镜后,眼前就跳出虚拟窗口,通过语音引导便进入课程菜单,画面上出现一个神秘的问号。蓝多老师毫不犹豫地按下那个问号,大家即将踏上一场未知的探险之旅!

第三站 发明做面包的省力工具 39

科学秀

古希腊人让吃面包成为一种享受 23

古罗马让面包在欧洲流行开来 24

富人的白面包与穷人的黑面包 26

科学秀

认识麦子家族 30

用硬面包作为装食物的盘子 32

面包是神圣的食物 34

馒头的前世今生 36

因为吃面包而磨坏牙齿的古埃及人 40

手工磨面粉——一项并不轻松的工作 42

石磨的发明历程 44

科学秀

水车磨坊的出现和普及 46

用大自然的力量磨面粉 48

取代手揉面团的揉面机 50

巧福
善良可爱的小男孩，常反串女孩，有"反串小王子"的称号。

强朋
名副其实的"破坏王"，常常在各种活动上"捣乱"。

目录

第一站 面包是怎么诞生的？ 1

发明面包之前，先发现小麦 2

牙齿咬不动，石头来帮忙 4

先有薄饼，再有面包 6

人类开始种植小麦 8

古埃及人意外让面团发酵了 10

科学秀 大自然中的酵母菌 13

科学秀 为什么面团发酵会膨胀？ 14

中国人吃米食，也爱吃面食 16

第二站 面包不只是填饱肚子的 19

古埃及人的一日工资——面包加啤酒 20

登场人物

尤桐
外表帅气，总是把头发梳得油光发亮，还是个爱学习的"学霸"。

艾丽
爱漂亮的女孩，总是想把自己变得更漂亮，她对学习也很认真。

阿卷
点子多又爱玩的男孩，对于蓝多老师的各种教学方式，总能"起哄"配合，让老师的点子实现。 9

第五站 面包发明多，想吃面包好方便 85

包入馅料的日本红豆面包 80

惊艳世界的中国面包 82

科学秀
不会变硬发霉的神奇面包 86

可以批量生产的面包工厂 88

不用添加很多，面包照样美味 90

动手趣
动手做黄油 92

不受欢迎的黑面包，成为健康新选择 94

恢复面包口感的烤面包机 96

科学秀
面包变干变硬的原因 98

家用面包机的发明 100

爱思面包屋开张 101

华校长
爱思小学校长，他总是想一些花哨、华丽的妙点子，带领学校老师用有趣的方式教学。

第四站 世界面包之旅 63

科学秀
为什么要揉面团？ 52

动手趣
找出面筋 54

动手趣
从石窑到电烤炉，面包美味出炉 56

大幅缩短面包制作时间的酵母 58

用葡萄干培养天然酵母菌 60

科学秀
奥地利牛角面包与法国可颂面包 64

可颂面包酥脆的秘密 67

法国人天天吃的法国面包 69

微酸的德国黑麦面包 70

英国下午茶，少不了司康 73

科学秀
造就司康蓬松口感的泡打粉 74

方便的美式快餐 76

墨西哥的亡灵面包 78

蓝多老师
爱思小学三年（1）班的科学老师，常带领班上学生，尝试各种新奇活动，让学生在玩中学，学中玩。

甄漂靓老师
爱思小学漂亮的女老师，同学们都非常喜欢她。

11

发明面包之前,先发现小麦

大约一百万年前,人类祖先过着一种原始的生活,大家住在一起互相合作。强壮的男性将石头做成长矛,结伴去打猎;女性和小孩负责摘水果、捡鸟蛋等;他们会把多余的食物储存起来,这样打猎失败或冬天难以抓到猎物时,就不会饿肚子了。

史前的觅食任务

女性 → 采摘水果或捡鸟蛋
男性 → 打猎

到了一万五千年前左右,过往打猎与采集的生活发生了改变。中亚地区的人类在采集食物时,发现了"小麦"这种谷物,开启了面包的发明之旅。

发现小麦
发现新食物!
小鸟吃的是"小麦"。

牙齿咬不动,石头来帮忙

小麦含有丰富的热量和营养。不过,小麦的外壳很硬,直接吞进肚子根本没办法消化。年轻人用牙齿咬碎小麦已经非常吃力

小麦是一种含有淀粉、蛋白质、维生素和矿物质等营养的谷物,不仅方便携带,还能当作长期储存的粮食。

了,牙齿较脆弱的小孩和老人根本咬不动。

为了吃小麦,一万多年前的人类开始绞尽脑汁想办法。

当时的人会用石头敲碎动物的骨头,他们便把小麦放在石头上,再用另一块石头敲击,以脱去坚硬的麦壳。于是,专门用来磨碎谷粒的"磨石"便诞生了!

直接啃太费劲了,动动脑,石头就是天然的工具啊!

发明磨石

一块表面光滑、中间凹陷的石头,加一块用来敲击的圆形石头,最适合用来去除麦壳!

不满意?
那就加水搅一搅。

磨碎的小麦,
直接吃太干了。

先有薄饼,

再有面包

人类虽然发明了磨石磨碎小麦,但磨好的小麦粉却干涩难吃。后来,有人往小麦粉中加水,混合成"麦粉糊"可直接食用。不过,这种麦粉糊涩口黏稠,一样不好吃。

当时,人类已经会用火了,他们把麦粉糊放在石板上加热,没想到竟烤出了一块又香又韧的薄饼。

这块薄饼,可以说是面包的前身。虽然跟我们现在吃的面包相比,这块薄饼既没有蓬松柔软的口感,也没有五花八门的造型,但是这个不起眼的发明却影响了人类往后数千年的饮食生活。

面包的前身诞生了!

好吃,还是你厉害!

一万多年前的人类已经会烤肉了,那就用火加热试试。

看吧,你们搞不定,还是得靠我。

人类开始种植小麦

小麦做成的薄饼既美味可口又方便保存和携带,渐渐成为当时人们的主食。小麦的需求量越来越大,野生的小麦,已经不够吃了。

大约一万两千年前,生活在今天中东地区的纳图夫人,从原本打猎的游牧生活,开始向一边种植小麦,一边养鸡、羊等牲畜的农牧生活转变。

人类最初发现的小麦成熟后,麦粒会掉落在泥土上,不方便采收。当人们发现了麦粒不易掉落的小麦,便将其培育成方便采收的品种。

古埃及人意外让面团发酵了

烤制薄饼出现后,也传到了古埃及。于是古埃及人开始大量种植小麦,把烤饼当作主要食物。

传说四千年前的某一天,一个做面食的人因打瞌睡,忘了将面团拿去烤,一觉醒来发现面团竟然膨胀变大了,还散发出一股酸味。他舍不得把面团丢掉,还是将其送进烤炉,结果意外烤出蓬松美味的面包。这个

奇特的现象就是面团的"发酵"造成的,最初古埃及人不知道原因,还以为是"神"来帮忙呢!

发酵面包,任务顺利完成!

科学秀

为什么面团放久了会发酵？

1 因为有古埃及的"神"帮忙。

2 因为空气中的酵母菌落在了面团上。

3 因为打瞌睡时，口水流到面团上。

▼ 发酵前的面团

▼ 发酵后膨胀的面团

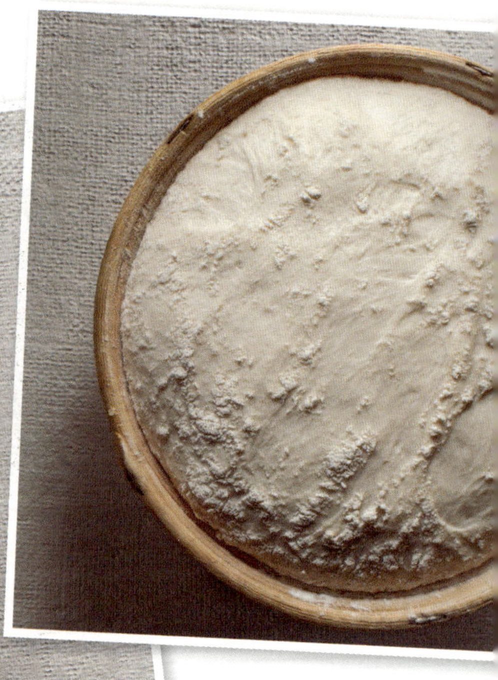

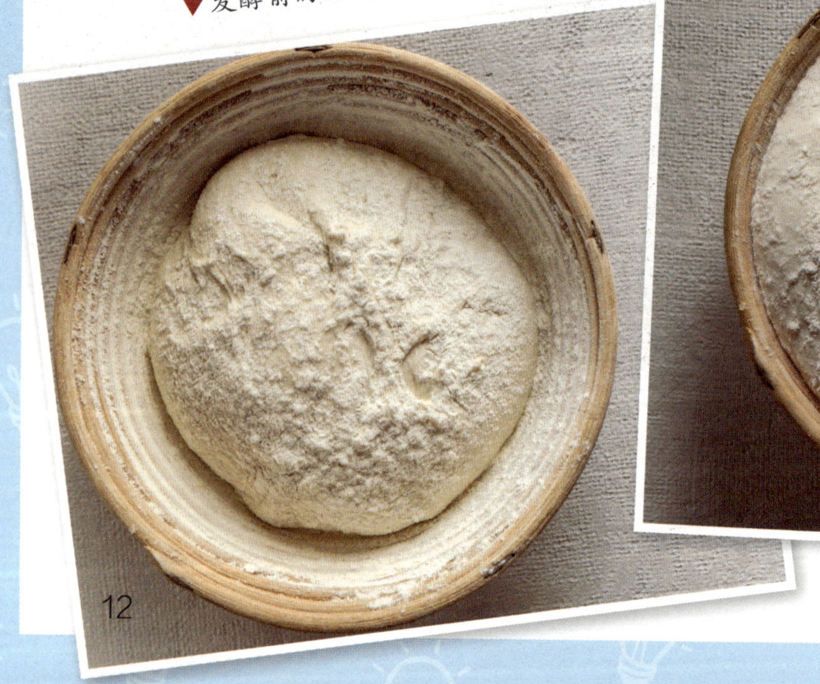

大自然中的酵母菌

空气中或植物上,存在各种"酵母菌"。

当空气中的酵母菌落在面团上后,只要温度合适,经过一段时间便会使面团发酵,这时面团就会膨胀变大。

科学家发现,古代埃及尼罗河周边的环境潮湿炎热,非常适合酵母菌生长。人们在当地采集到的酵母菌,跟今天做面包用的酵母菌很相近,这进一步说明用发酵面团制作面包可能起源于古埃及。

酵母菌非常小,它广泛分布在自然界中。

面团发酵膨胀,原来是酵母菌造成的。

科学秀

为什么面团发酵会膨胀？

当面团发酵时，酵母菌会分解糖类物质产生二氧化碳气体，使得面团充气而膨胀。经过烘烤，气体在面团中留下许多孔洞，这样烤好的面包就像海绵一样松软。

切开发酵的面团，里面有好多小气孔。

二氧化碳

面团

我不会输给你的！

酵母菌

我吹气球，看谁吹得大！

▶ 发酵面团的剖面

发酵产生的小气孔

发酵过的面包变得松软好吃,也更容易被消化。在发酵的过程中,酵母菌还能产生氨基酸等物质,增添面包的香气和风味,其中产生的B族维生素等营养素,更提升了面包的营养价值。经过发酵的面包,可以说是优点多多。

烤好的面包内部有许多孔洞,好像海绵一样有弹性。

▼ 发酵面包的剖面

二氧化碳留下的孔洞

中国人吃米食，也爱吃面食

中国是米食之国，小麦大约在四千五百年前传入中国。早期，小麦做成的面食统称为"饼"，例如水煮的面条、水饺和馄饨，称为"汤饼"；用火烤的面食称为"烧饼"；用蒸笼蒸的馒头、包子等称为"蒸饼"，所以面包可以说是古代中国人发明的。

据说唐朝有一位官员，他刚下朝，便在路边买了一个热腾腾的蒸饼，因为太香没忍

第一站的探险告一段落，蓝多老师和同学们回到教室，分享着"小麦变面包"发明之旅中的新体验。巧福吞了吞口水说："我肚子饿了！"蓝多老师说："你们知道吗？面包除了能吃，还有很多用途呢！"

古埃及人的一日工资——面包加啤酒

古埃及人不仅会种植小麦以制作面包，也会种植大麦来酿造啤酒。大伙儿聚在一起吃面包、喝啤酒、聊聊天，成了古埃及人日常生活的一部分。爱吃面包的古埃及人发现，在面团中加入酿造啤酒的残渣，或是加

埃及法老

入前一天发酵过的老面,就能做出好品质的发酵面包。

只是每到夏天,尼罗河便泛滥淹没农田,使得农民没办法耕种。这时候农民会成为建筑工人,帮法老建造宏伟的金字塔,每天可以领取三块面包和一壶啤酒。河水退去,会留下肥沃的泥地,这时农民又回到农田里继续种植小麦和大麦。

加油!

我领到面包和啤酒了!

辛苦了,这是今天的工资。

古希腊人让吃面包成为一种享受

古希腊人从古埃及带回做面包的方法,并在此基础上不断研发,想办法让面包变得更加好吃。他们利用酿造葡萄酒的发酵技术,并且改良了研磨小麦的工具,得到细腻的面粉,最终做出松软可口的面包。

公元前500年左右,古希腊雅典城内已经有许多面包店。当时做面包的师傅大部分是女性。她们一边听着长笛吹奏的音乐,一边揉面团,然后在面团里加入蜂蜜水、红酒、橄榄、无花果、亚麻籽等食材,研发出各种口味的面包,让吃面包不只是为了填饱肚子,更成为一种享受。

任务失败!

古罗马让面包在欧洲流行开来

历史上,古罗马的军队征服了古希腊,古希腊的文化也深深影响了古罗马。一些古希腊人懂得怎么制作面包,于是古希腊的面包文化便在古罗马发展壮大。

公元前100年左右,古罗马城内已经有两百多家面包店,生意都非常兴隆。当时古罗马军队远征欧洲各地,因为面包容易携带和保存,所以这些面包店除了日常出售面包,还负责给军队供应,使面包成为征战时必备的粮食补给。随着罗马帝国的版图不断扩大,面包也在欧洲各地流行起来。

富人的白面包与穷人的黑面包

受地理环境的影响,在古希腊、古罗马时期,品质好的小麦价格昂贵,只有贵族和有钱人才吃得起这种上等的白面包。

发酵过的白面包，是使用筛除棕色麸皮与杂质的小麦粉制作而成的。这种面包又白又柔软，是当时很珍贵的美食，甚至被指定为宴会上招待重要宾客的食物。端出来的面包颜色越白，代表宴请的宾客越尊贵。

呵呵，今天的面包特别白，代表有贵客光临。

张口就有美食，这里真是人间天堂啊！

哼！竟然要我服侍，你当心消化不良！

黑面包当时也称为"穷人面包",因为穷人吃不起昂贵的白面包,只能将大麦、黑麦磨成深色的面粉,并做成黑面包。这些黑面包吃起来硬邦邦的,只能先切成片浸泡在汤

面粉不够多,加点蔬菜种子,增加分量又好吃。

还不够,有什么就加什么,这样才能填饱肚子!

泥土
蔬菜种子
稻草

任务
制作黑面包,让小面团变成大分量面包!

里，等变软一点再吃。

食物缺乏时，穷人为了填饱肚子，还会在面粉里加入蔬菜种子，甚至泥土、松树皮、稻草等东西，使面包给人更强的饱腹感。

认识麦子家族

小麦与大麦,是人类较早发现的谷物。

小麦含有独特的蛋白质,磨成粉后加水揉成面团,这一过程会产生具有黏性和弹性的"面筋",包住发酵产生的气体,使面团蓬松,可以做出香软可口的面包。大麦主要用来酿酒,或是当作牛羊的饲料。大麦揉成的

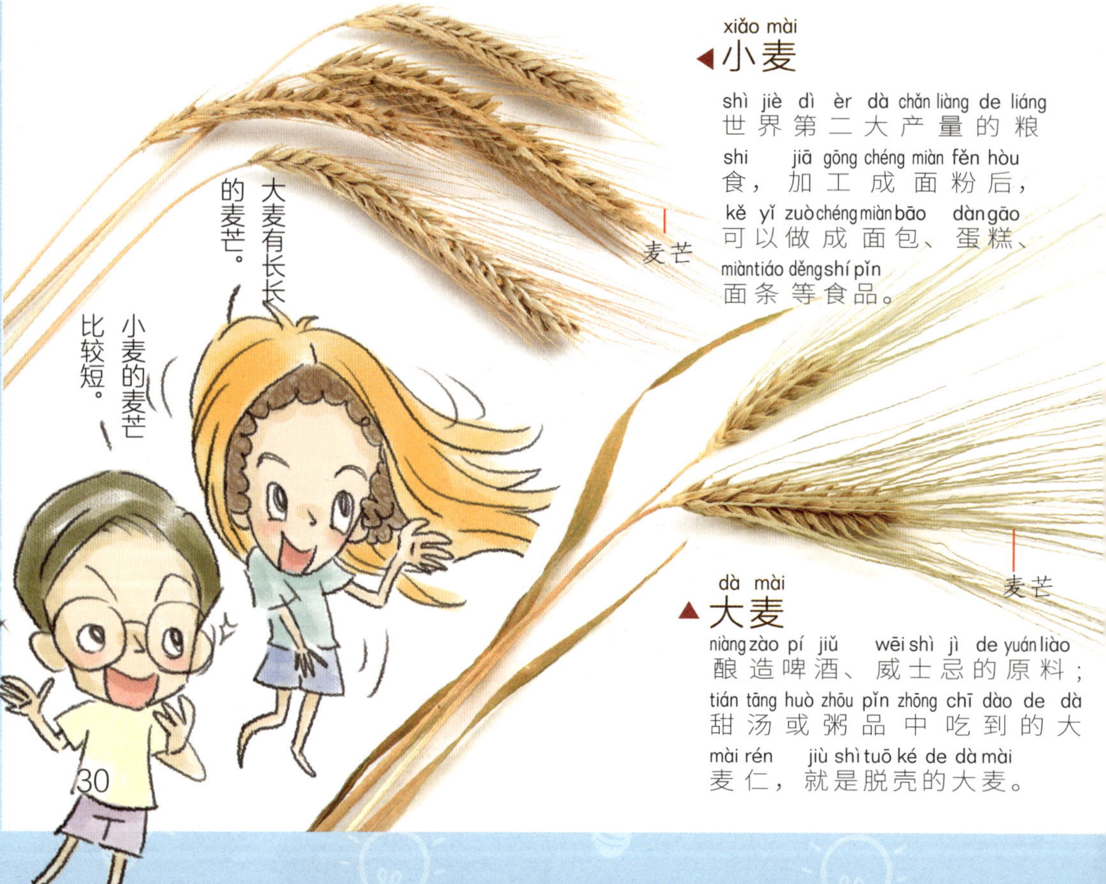

大麦有长长的麦芒。

小麦的麦芒比较短。

◀ 小麦

世界第二大产量的粮食,加工成面粉后,可以做成面包、蛋糕、面条等食品。

麦芒

▲ 大麦

酿造啤酒、威士忌的原料;甜汤或粥品中吃到的大麦仁,就是脱壳的大麦。

麦芒

面团难以产生面筋,发酵时无法膨胀,做成的面包口感较差。

黑麦和燕麦是较晚被发现的谷物,有很长一段时间都被当成野草,一直到两千三百年前左右,人类才开始有意识地栽种黑麦,并将其做成黑面包。燕麦营养丰富,但主要被当作牛、马等农耕动物的饲料。

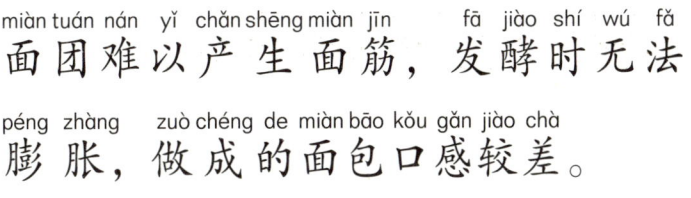

燕麦长得像燕子的尾巴,真有趣!

▶ 黑麦
又叫裸麦,做成的面包有股特殊的风味,也被用来酿造啤酒。

▲ 燕麦
营养价值高,除了能当作饲料,也可制作成我们早餐吃的燕麦片。

用硬面包作为装食物的盘子

中世纪的欧洲人会将发硬的面包片,当作装肉类和蔬菜的盘子。当"面包盘"吸取肉汁而软化后,也可以拿来食用。但是贵族们觉得吃面包盘是一种粗俗的行为,因此用餐过后会把浸泡肉汁的面包盘,分发给挤在城门等着的穷人和乞丐。

面包是神圣的食物

有些考古学家认为，在原始的社会做面包，需要花很大的精力，我们的祖先只有在重要的活动时才会做面包，此时的面包被当作神圣的祭品或是部族领袖才能享用的食物。

古埃及人认为，将面包当作陪葬品，放入墓穴中，可以让亡者得到食物供养，顺利进入"永生的世界"。

一些宗教信徒视面包为神圣的食物,在宗教仪式中用葡萄酒和面包作祭品。在中世纪的欧洲,只有部分面包店、教堂、修道院和贵族,有制作面包的权力。

古希腊人甚至认为面包是众神的礼物。当地的人们会将当年第一批收获的麦谷献给"大地女神",把面包当作祭品献给"狩猎女神"。

诸葛亮

馒头的前世今生

我们今天吃的"馒头",相传是三国时期诸葛亮发明的。当年,诸葛亮率兵征讨南蛮(时人称南方地区少数民族为"南蛮"),在泸水遇到狂风大浪,没办法渡江。有人便提议用俘虏祭拜水神,以祈求风平浪静。

但是,诸葛亮觉得这样做实在太残忍了。于是,他想到将面粉和水混合,捏成一个一个圆形的面团,蒸熟后作为祭品,代替

"蛮头"。后来"蛮头"演变成"馒头",成了民间日常的面食。

直到现在,馒头在结婚、寿诞等重要的日子里,仍扮演着不可或缺的角色。一些地方的人还会将馒头做成长条形的,用这种长岁馒头祈求吉祥长寿、平安健康。

因为吃面包而磨坏牙齿的古埃及人

古埃及的木乃伊闻名全球。前面我们说到考古学家研究木乃伊时,发现古埃及人非常爱吃面包,他们因为吃面包甚至把牙齿都磨坏了。埃及的沙漠环境风沙多,在磨面粉的过程中,容易混入小碎石。加上当时筛粉技术不够发达,无法有效去除杂质,所以做

出来的面包含有许多沙砾,吃的时候容易磨坏牙齿!根据文献记载,古罗马人后来使用一种食品加工工具——马毛和亚麻布做的筛子,用于分离杂质,改善了面粉的品质。

因为我的牙齿被磨坏啦!

筛粉工具的发明

让风吹走麦壳,不用挑拣好省时!

▲ 簸箕

由麦秆编织成的簸箕,可以将碾过的麦粒上下扬起,借风力吹走轻的麦壳,留下麦仁。

粗石子无法通过筛网,轻松筛掉好省力!

▲ 筛子

筛子可以让细小的面粉通过筛网,去除较粗的杂质。

手工磨面粉——
一项并不轻松的工作

一万多年前,人类发明可用来磨面粉的"磨石"。到了古埃及时期,为了提高效率,磨石被改良成马鞍形石磨。据古希腊的诗人荷马记述,女仆们最辛苦的工作就是磨面粉。为了让主人吃到面包,她们经常在夜里推动磨石,累得筋疲力尽,膝盖酸痛。为了能更轻松地磨面粉,古希腊人进一步发明了旋转式石磨,提高了磨面粉的效率。

科学秀

▼ 改良马鞍形石磨

改良①：在石头上加握把，推磨时可以更方便施力。

改良②：加大石头底盘，增加研磨的面积，并挖洞减轻重量。

改良③：在磨石上下两部分刻上沟槽，除了能够帮助研磨，也能让磨好的面粉顺着沟槽出来，这样就可以持续添加麦子，进行研磨了。

石磨的发明历程

古希腊人发明的旋转式石磨，操作简便又实用，沿用了两千多年。不过，旋转式石磨的发明，并非一蹴而就。根据不同阶段遗留下来的石磨可以发现，人们为了追求更高的研磨效率，不断改良，把石磨变得更加省力好用。

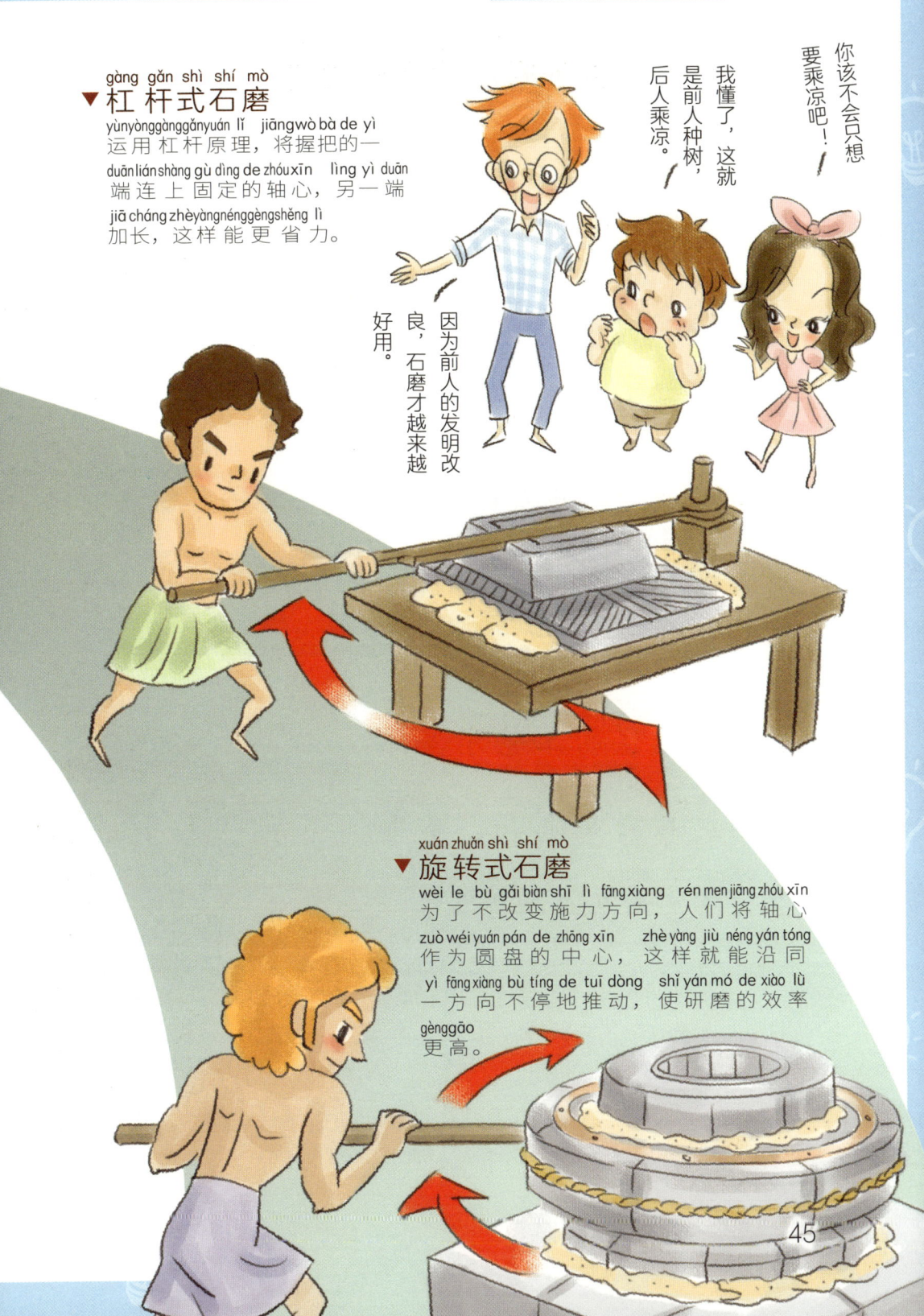

水车磨坊的出现和普及

旋转式石磨出现后,人们把收获的麦子交给当地的大型磨坊,由人或是马匹推动石磨,增加面粉的产量,同时也为磨坊主人赚取了大量的钱财。

古罗马的建筑师维特鲁威在其著作中,对水力驱动的磨具提供了完整的技术说明。但是,水车磨坊需要建筑师精巧的设计和木匠精湛的工艺才盖得起来。直到中世纪,水车磨坊才开始在欧洲普及。

这间磨坊太黑心了!

用大自然的力量磨面粉

中世纪时,人们又发明了许多新的技术,更好地运用大自然的力量代替人力和畜力。

据说,最早的风车磨坊出现在水源稀少的阿拉伯国家。11世纪时,东征的西方骑士发现风车磨坊后,很可能把这项技术带回了欧洲。

到了12世纪,造船工匠利用风帆的力量,开

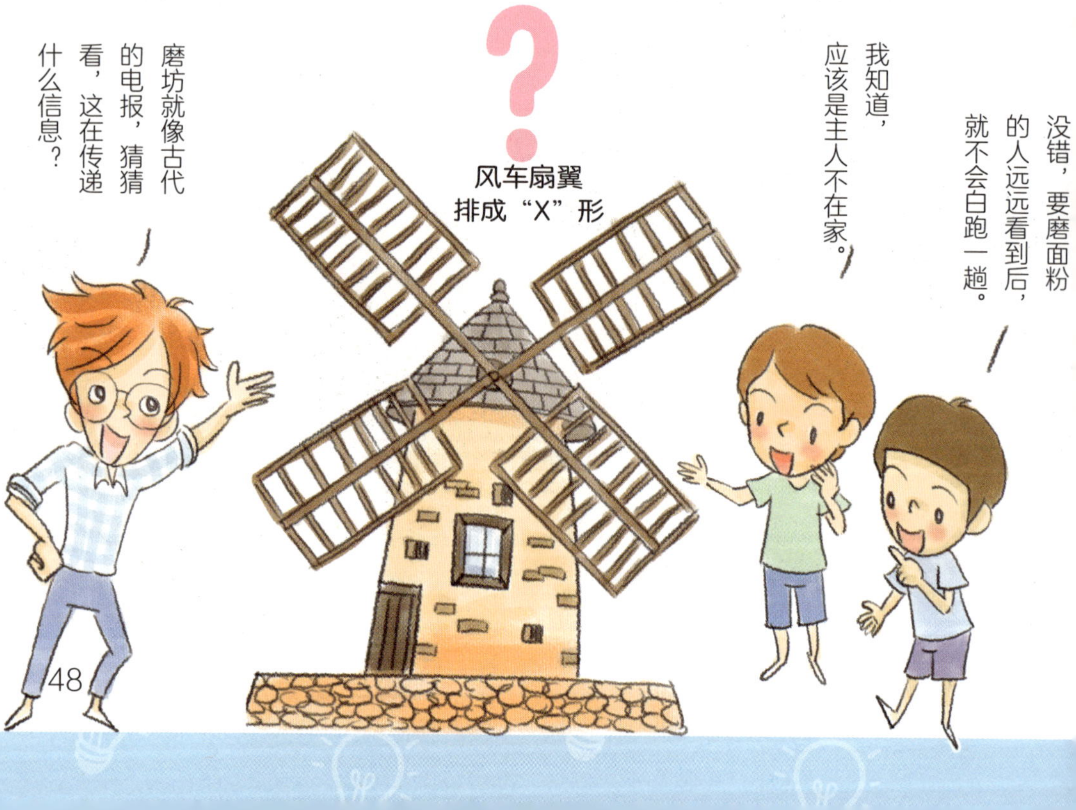

磨坊就像古代的电报,猜猜看,这在传递什么信息?

风车扇翼排成"X"形

我知道,应该是主人不在家。

没错,要磨面粉的人远远看到后,就不会白跑一趟。

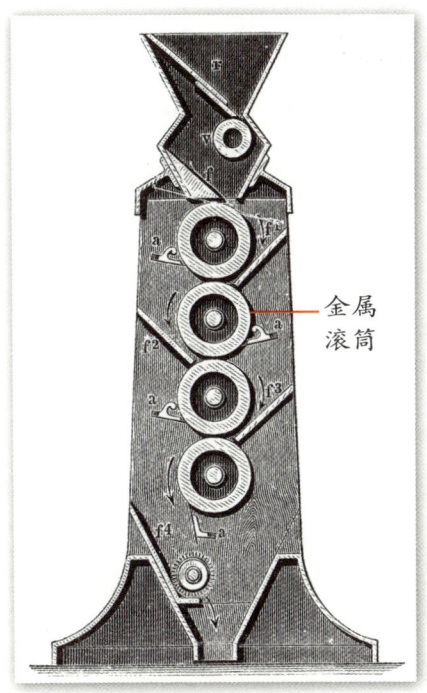

▲ 滚筒式磨粉机

18世纪工业革命期间，瑞士工程师发明了第一台以蒸汽为动力的滚筒式磨粉机。这个机器由数个金属滚筒组成，当麦子从上方投入后，会通过窄道，被连接的滚筒不断碾压，直到麦子被磨成细腻的面粉。

始在欧洲的沿海地区建造了风车磨坊。

据说，磨坊主人还把风车磨坊当成跟他人沟通的工具：当风扇排成"×"形时，代表磨坊主人不在家；如果排成"十"字形，则表示有人去世。

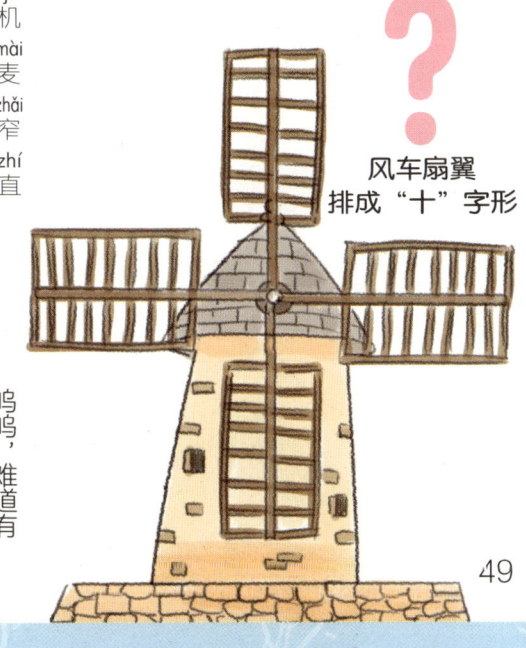

风车扇翼排成"十"字形

呜呜，难道有人去世了？

磨坊什么时候再开始运营呢？

取代手揉面团的揉面机

面包师傅通常得半夜起床工作,用手臂的力量将面粉和水揉成面团。揉面的工作非常辛苦,直到18世纪,人们终于发明了揉面机。

一开始,面包师傅很讨厌揉面机,因为顾客们认为机器揉的面质量较差。面包店主人要是买了揉面机,也得趁深夜悄悄把机器

任务
挑战18世纪面包店的揉面工作!

面团好重!
手好酸……

搬进店里,生怕顾客知道后不再上门消费。

一直到19世纪,人们才真正接受了揉面机,这也大大改善了面包师傅的工作环境。

科学秀

为什么要揉面团？

揉面团不只是将面粉加水和在一起，还要通过搓揉，把面粉中特殊的蛋白质连接起来，产生有弹性和韧性的面筋。有了面筋，才能做出蓬松有弹性的面包。

面粉加水后搅一搅，开始揉面团咯！

▲ 面粉中的麦谷蛋白逐渐和麦胶蛋白结合，形成面筋。

小麦独有的蛋白质
- 有弹性的麦谷蛋白
- 有黏性的麦胶蛋白

膜状的面筋能包覆发酵 ▶ 时所产生的气体，让面团膨胀。

▲ 不断揉捏后，形成具有紧密网状结构的面筋，面团就更有弹性。

动手趣

找出面筋

神奇的面筋藏在面团里,根本看不见,想不想瞧一瞧面筋的庐山真面目?一起动动手,把面筋找出来吧!

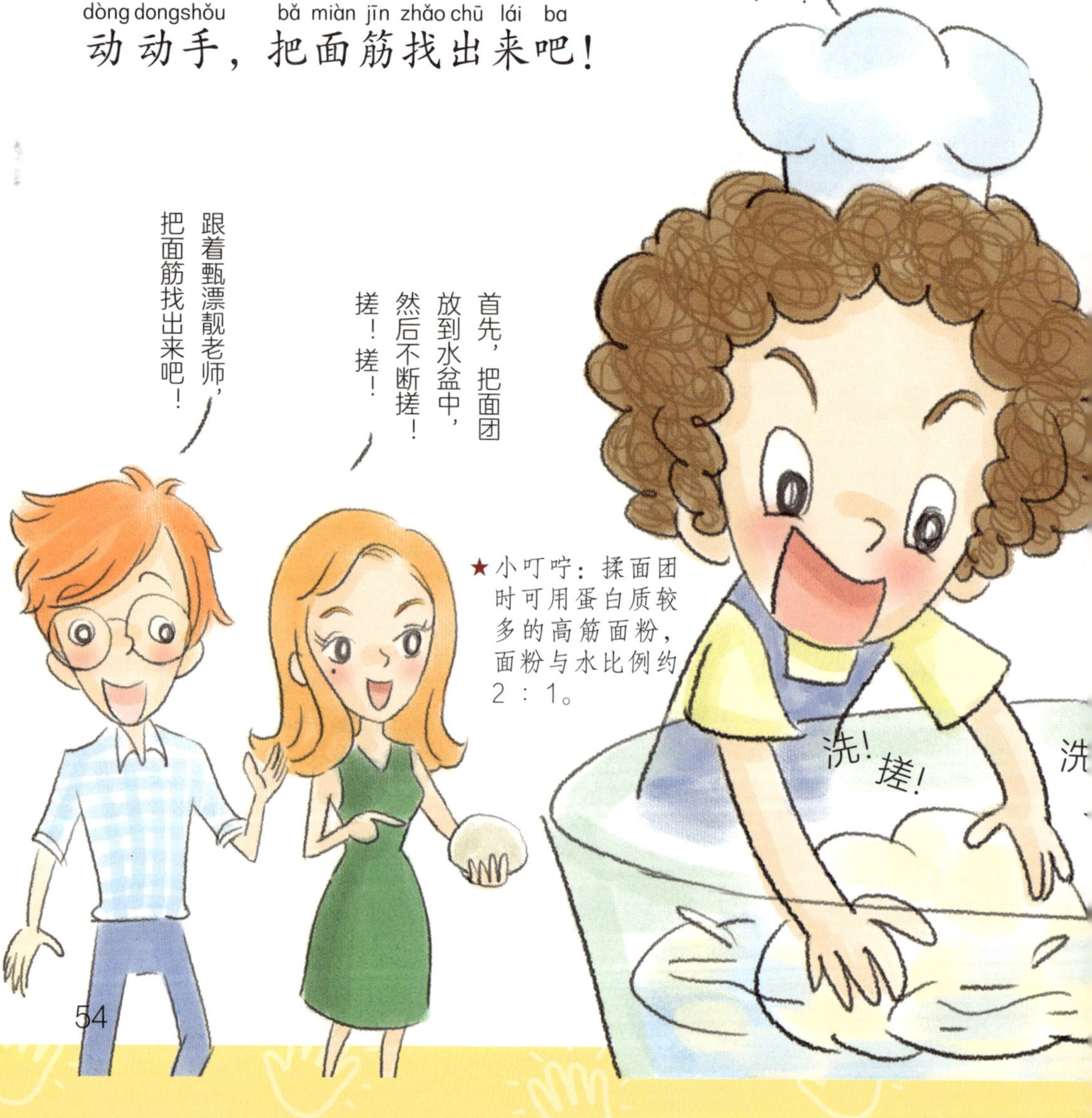

把面团放到水中搓一搓?
哇!面粉被洗掉了!

跟着甄漂靓老师,把面筋找出来吧!

搓!搓!

首先,把面团放到水盆中,然后不断搓!

★小叮咛:揉面团时可用蛋白质较多的高筋面粉,面粉与水比例约2:1。

洗!搓!洗

从石窑到电烤炉,面包美味出炉

考古学家在火山灰掩埋的庞贝城遗迹中,挖掘出古罗马两层楼高的面包店,以及当时烤面包用的石窑烤炉。

面包最初是在石头上直接加热做成的,为了缩短烘焙的时间,人们发明了石砖砌成的石窑。石窑坚固耐用,能耐高温,烘焙出来的面包外酥内软,特别好吃。

到了20世纪,电烤炉取代了石窑,虽然不用烧炭,也方便控温,但是烤出来的面包滋味不同,所以有些面包店仍然坚持用石窑来烤面包。

快逃啊!

你这个贪吃鬼!为了吃,连命都不要了。

大幅缩短面包制作时间的酵母

自从人们知道啤酒泡沫中的某些物质有助于面团发酵,面包师傅也试过使用水果、谷物、叶子和花朵上的酵母菌,做出不同风味的面包。但是,当时人们还没能科学地掌握发酵的技巧。

直到17世纪,荷兰科学家列文虎克发明并改进了显微镜。人们看见酿造啤酒里的酵母

安东尼·范·列文虎克

菌后，才确认酵母菌的存在。

19世纪，法国细菌学家路易·巴斯德发现了酵母菌的发酵机制。这促使美国弗莱希曼公司开发出可以量产的生酵母，这种生酵母的菌数比天然酵母多了好几倍，从而加速了发酵过程。

到了20世纪，法国的乐斯福公司开发出"即溶干酵母"，它比生酵母更容易保存，菌数更是生酵母的三倍，大幅缩短了面团的发酵时间，也使得面包产业迈向现代化。

我发现了酵母菌的发酵机制！

路易·巴斯德

动手趣

用葡萄干培养天然酵母菌

培养天然酵母菌，其实一点都不难！只要用葡萄干，就可以获得制作面包的酵母菌，快来动动手，体验培养酵母菌的乐趣。

1. 首先，将五十克的葡萄干、六克的蜂蜜和二百毫升的饮用水，倒入玻璃罐，混合均匀。再用保鲜膜密封罐口，并用牙签戳几个洞，放在通风凉爽处。

2. 每天早晚摇晃罐子，持续七天，让葡萄干与蜂蜜水充分混合。当气泡产生，闻得到酒香味，第一阶段培养就完成了。

泡香

制作前，请先洗净双手，工具也要用开水杀菌再风干，可以减少细菌污染。

★ 小叮咛：请大人来操作，以免发生烫伤意外。

块状鲜酵母　天然液态酵母　活性干酵母

天然酵母和商业酵母的优缺点

不同种类天然酵母做出来的面包，有着不同的风味，但需要费时培养并细心保存。商业酵母是由厂商筛选优良的菌种培养而来，发酵快速且容易保存，但是菌种单一，做出来的面包风味也比较单调。

每天加入五十克的全麦面粉和五十毫升的饮用水混合均匀，重复进行室温发酵和冰箱冷藏的步骤，持续三天，就完成培养了。冰箱冷藏可以保存约一个月哟！

4

3 滤掉葡萄干，取出一百毫升的葡萄干酵母菌水，再加入一百克的全麦面粉混合均匀。

盖上盖子但不要拧紧，放在室温下四小时，待发酵后再拧紧盖子放入冰箱冷藏。

★ 小叮咛：发酵过程中，很可能混入其他细菌而影响食品安全，建议小朋友体验培养酵母的乐趣即可，不要拿来做面包吃哦！

哇，酵母液膨胀了！

产生更多小气泡了！

61

第三站的探索之旅，大家认识了制作面包的各种工具，也知道了想要做出蓬松柔软的面包，必须靠神奇的酵母菌来帮忙。接下来，又会发生哪些关于面包的新鲜事呢？同学们都满怀期待。

经过高温加热，酵母菌早就失去活性了。

酵母人

酵母菌在我肚子里发酵，我会不会变成酵母人呀？

你这么爱吃面包，该不会满肚子都是酵母菌吧？

不管你变成什么，我都认得出你。

第四站 世界面包之旅

16世纪的大航海时代，面包从欧洲传到世界各地，并发展出具有各地特色的面包。

世界面包之旅，出发咯！

出发！

奥地利牛角面包与法国可颂面包

法国人喜爱的可颂面包酥脆可口，长得像牛角的形状。但是你知道吗？其实可颂面包并非起源于法国，造型也不是模仿牛角。

公元1683年，土耳其军队围攻奥地利，但一直久攻不下。于是，士兵们连夜挖掘地下隧道想要侵入城内，却意外被地下室的面包师傅听见声响，并通知奥地利军队做准

任务：解救维也纳，发明新月面包！

快挖地下隧道突袭，这次一定要成功。

遵命！

锵！锵！锵！

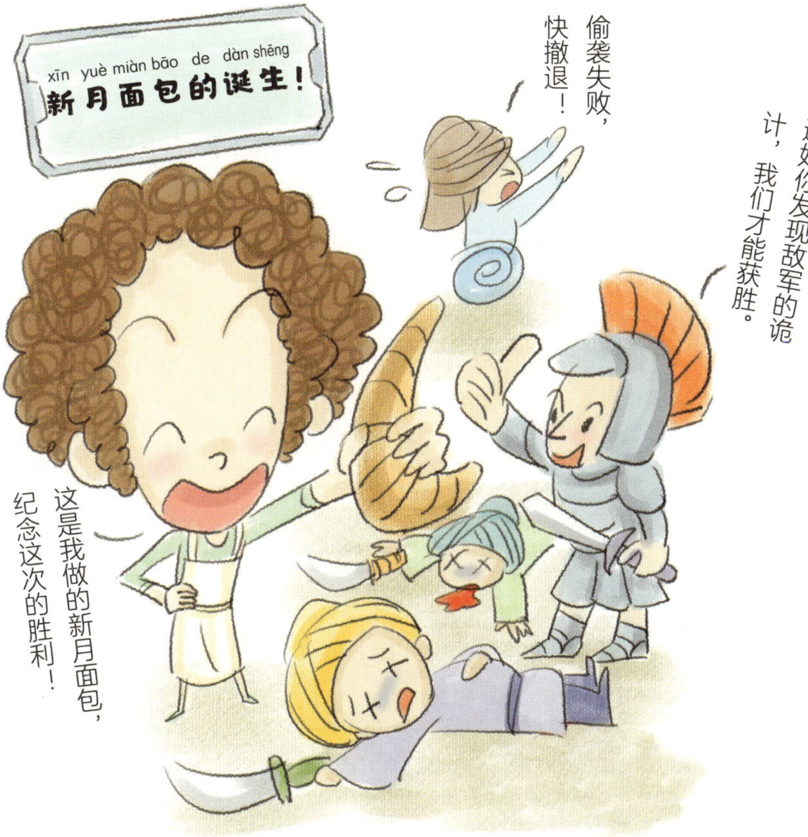

新月面包的诞生！

"偷袭失败，快撤退！"

"还好你发现敌军的诡计，我们才能获胜。"

"这是我做的新月面包，纪念这次的胜利！"

"有敌军突袭，快通知军队！"

备，使得土耳其军队偷袭失败。

因为面包师傅抗敌有功，奥地利国王特别请他为胜利设计一款面包。于是，面包师傅以土耳其国旗上的"新月"为原形，设计了一款月牙造型的面包，庆祝军队的胜利！

公元1770年,奥地利公主玛丽与法国国王路易十六结婚。据说,玛丽公主为了随时能吃到喜爱的新月面包,她带着奥地利面包师傅一起前往法国。于是,新月面包也随之传入法国,继而演变为后来的可颂面包。这是可颂面包起源的传说之一。

至于牛角面包这个名字,则是因为奥地利人称"可颂"为"Kipferl",其字面意思是"小角",可能有人觉得面包的形状更像牛角,于是称这种面包为"牛角面包"。

玛丽·安东妮王后

玛丽王后,您爱吃的面包出炉了!

要不是因为我嫁到法国,就没有今天的可颂面包了!

科学秀

可颂面包酥脆的秘密

切开可颂面包,可以看见一层层酥脆的面皮。这是因为制作时,面包师傅在面团中间包了一块黄油,经过反复折叠再擀薄后,形成了一层薄面皮、一层黄油的多层结构。烘焙时,面皮吸收了熔化的黄油,使得面包内层变得香软,外层则酥脆蓬松。

可颂的做法

▶ 折叠

▶ 延展

▶ 再折叠

▲ 一层层薄脆的面皮,让可颂面包吃起来酥脆可口。

原来可颂面包酥脆可口的秘密,是面皮包了黄油并反复折叠的缘故。

可颂面包的热量高,吃多了容易变胖哦!

法国人天天吃的法国面包

长棍状的法国面包诞生于20世纪。当时面包师傅经常从深夜工作到第二天中午,当地政府为了避免连续工作时间过长,规定从上午十点到下午四点禁止加班。如此一来,面包师傅担心因工时减少而来不及制作面包,于是将又大又圆的面包改成长条状,以此缩短烘焙时间。

法国面包由面粉、水、盐和酵母做成,简单朴实,可搭配不同的食材吃。就像我们吃的白米饭一样,法国面包是法国人的主食,天天吃也不会腻。

夹上芝士和火腿,丰富又满足!

抹上大蒜奶油酱,香浓又够味!

直接吃可以品尝出小麦的香味。

做成甜点也很美味!

微酸的德国黑麦面包

用黑麦粉、盐和水等原料做成的黑麦面包,口感厚实,带有特殊酸味,是德国很常见的面包。由于德国北部气候寒冷,不易种植小麦,所以他们的面包是用黑麦粉做成的,而且每个地区都有自己独特的黑麦面包,

"脚工"制作?是手工制作才对吧?

这款重量级面包太大了,得用脚来踩面团。

30千克重量级
纯"脚工"制作,24小时精心烘焙

有的是全黑麦，有的会混合其他麦类。

黑麦面包最早起源于古罗马，当时的穷人会将黑麦磨成深色面粉做面包。由于当时黑麦属于劣等谷物，黑麦面包也因此被称为"穷人的黑面包"。后来，有美食家喜欢将这种面包搭配贝类海鲜一起吃，所以它又被称作"牡蛎面包"。

中世纪时，西伐利亚地区发生饥荒，当地政府烘烤了黑麦面包分发给穷人。没想到，这种独特的面包大受欢迎，后来便在欧洲普及了。

还有一股酸味，该不会是臭脚味吧？

英国下午茶，少不了司康

英国有着悠久的下午茶文化，17世纪，葡萄牙公主凯瑟琳嫁入英国，她不仅穿着打扮与众不同，而且喜欢喝茶，引得贵妇们争相模仿，社会上也逐渐流行喝茶。

19世纪的维多利亚女王时代，演变出隆重的下午茶社交仪式。人们会穿着正式的服装，用精致的茶杯一边喝茶，一边品尝三层架上的三明治、司康、小蛋糕、水果塔等点心。现在的英国人很少会花费两三个小时享用三层架下午茶，通常只会将司康抹上奶油和草莓果酱，搭配红茶一起享用。

维多利亚式三层架下午茶，第一层是三明治，第二层是司康，第三层是蛋糕和水果塔。

造就司康蓬松口感的泡打粉

司康又称为"英式松饼",是英国下午茶最具代表性的点心。不过,若没有泡打粉的发明,司康可能就不会出现在下午茶的餐桌上!

司康最早出现在英国北部,口感介于面包和蛋糕之间。因为当地的气候寒冷,小麦不容

面包制作比赛

霍斯福德博士

怎么可能这么快,我的面团还在发酵……

霍斯福德博士最快做好面包,荣获这届冠军!

发酵中

易生长,只能用燕麦与大麦烘烤制成。

直到19世纪,化学家霍斯福德发明了"霍斯福德面包制剂"。在制作司康的过程中加入这种制剂,其中的碳酸氢钠分解时会产生二氧化碳气体,短时间就能让面团膨胀,烤出来的司康也变得口感松软,受到许多英国人的喜爱。

司康的做法很简单,有兴趣的同学可以上网找食谱做做看!

网络食谱

因为我有它,面团短时间就能膨胀!

霍斯福德面包制剂

面团
二氧化碳
水 加热
碳酸氢钠

方便的美式快餐

在美国，面包类的食物不只在门店贩卖，许多餐车也会贩售汉堡、贝果、甜甜圈等食物，既方便又实惠。

19世纪后期，美国的工厂快速扩张，店家为了在短暂的午餐时间提升销售量，便推出餐车的贩卖方式。店家先在餐车上准备好食材，再将餐车安置在目标地点，方便赶时间的工人购买与用餐。他们除了在长面包中夹香肠，也在圆面包中夹煎好的牛绞肉排等食材，后来成为现在的

老板，来一份汉堡！

"热狗"和"汉堡"。
汉堡搭配薯条,再加一杯可乐或奶昔,成为经典的美式快餐。这样的组合不只在美国广受喜爱,后来也扩展到全球,成为美国快餐文化的代表。

墨西哥的亡灵面包

每年11月1日和2日,是墨西哥的亡灵节,家家户户会搭起华丽的祭坛。原本漆黑的墓园,被一根根蜡烛点亮,人们会守在布满鲜花和食物的亲人墓旁,怀念逝者。

亡灵节起源于数百年前中美洲的阿兹特

克文明,当时的人相信每到亡灵节,已过世的亲朋好友的灵魂会回来团聚。人们会在祭坛上摆放撒了糖粉的"亡灵面包",以及甜滋滋的骷髅形糖果,吃饱喝足之后再将自己装扮成骷髅上街游行。

你们能看到我吗?我怎么变成幽灵了……

看我华丽登场!

包入馅料的日本红豆面包

16世纪，面包随着西方传教士传入日本。一直以来把米饭当主食的日本人，不太喜欢口感偏硬的欧式面包。

日本明治维新时期，有位叫木村安兵卫的武士，开了间面包店。为了做出适合日本人口味的面包，他苦心研究，把当时做面包用的啤酒酵母换成米酒糟。经过他多年的改良，终于做出口感柔软并包了红豆馅的面包。没想到，红豆面包大受好评。这种柔软的面包也渐渐被日本人接受，并带动了各种包馅面包的开发。

惊艳世界的中国面包

东方人口味相近,口感蓬松柔软的日本面包在中国也很受欢迎,像常见的红豆面包、菠萝面包,奶油馅面包等。

中国台湾地区的面包师傅善于学习,他们学习了日本的面包制作技术后,结合本地食材,开发了口味独特的面包,像甜中带咸的

荔枝干、荔枝酒、玫瑰花瓣

小叶红茶、梅子

青葱面包、芋头面包、肉松面包等。中国大陆地区的面包也有很大发展,面包师傅将孜然、牛肉、青稞、提子等食材融入面包中,创造出奇妙的口感。

虽然面包在中国起步较晚,但中国面包师傅不断学习改良,寻找各地好食材,近年来中国面包屡屡在世界面包比赛中斩获大奖。

中国面包真是后起之秀啊!

精选小麦、焙煎芝麻、龙眼蜂蜜

草莓、芒果、金枣

经历了一场世界面包之旅，大家发现今天生活中常见的面包其实来自世界各国。因为文化不同，各地面包各具特色。还会出现什么面包呢？让我们拭目以待……

大家的创意一百分！

发挥巧思，吐司也能创造新时尚。

吐司模具　　变身猫咪造型

看我大显身手。

猫咪吐司，好可爱！

不会变硬发霉的神奇面包

为了让面包卖相更好，18世纪英国的黑心商人居然在面包里加明矾，让廉价的黑面包摇身一变，成为高级的"白面包"。

到了19世纪中期，美国商人开发出一款切片的白吐司，里面含有丰富的维生素、

矿物质等营养素。最神奇的是,这种面包即使放一个星期也不会变硬和发霉。对于追求便利的美国人来说,每周只需采购一次,既能补充营养,又能省去切面包的麻烦,这款面包推出后立刻大受欢迎。

不过,人们细究这种面包颜色洁白及保鲜时间长的原因,发现商人用了氯气漂白的小麦粉、防霉剂和其他化学添加剂。随着大众健康养生的意识增强,人们不想吃含有太多化学添加剂的面包,这种面包销量逐渐下滑。

别上当!这是添加了化学漂白物的黑心面包。

我也要!

弗德列克·阿库姆

可以批量生产的面包工厂

今天,大家在便利商店或卖场,就可以买到价格便宜的面包,这要归功于工业革命后出现的面包工厂。

我带大家来参观面包工厂,首先将面粉、酵母等材料,放入搅拌机做成面团。

哇!好大的面团。

面团放入烤模后,会再次发酵。

放入吐司面包烤模中

分割、整形面团

机械化的耕作设备和种植技术，提高了小麦的产量，价格也相对降低；面包工厂使用商业酵母，缩短了面包的制作时间；机械设备取代人力，可以快速做出大量的面包，供应给各个面包经销点。

整个流程都是自动化生产的。

一条条吐司面包出炉了！

装箱的面包，准备送到各个卖场了！

烘焙

包装

切片

冷却

科学秀

不用添加很多，面包照样美味

你也会担心吃到滥用化学添加剂的面包吗？其实，只要善用盐、糖、牛奶和鸡蛋等食材，不需要依靠过多化学添加剂，就能让面包变得美味，人们也吃得安心又健康。

和面时加入盐，不但可以加强面团的韧性和弹性，还能抑制细菌滋生，延长面包的保存期限。

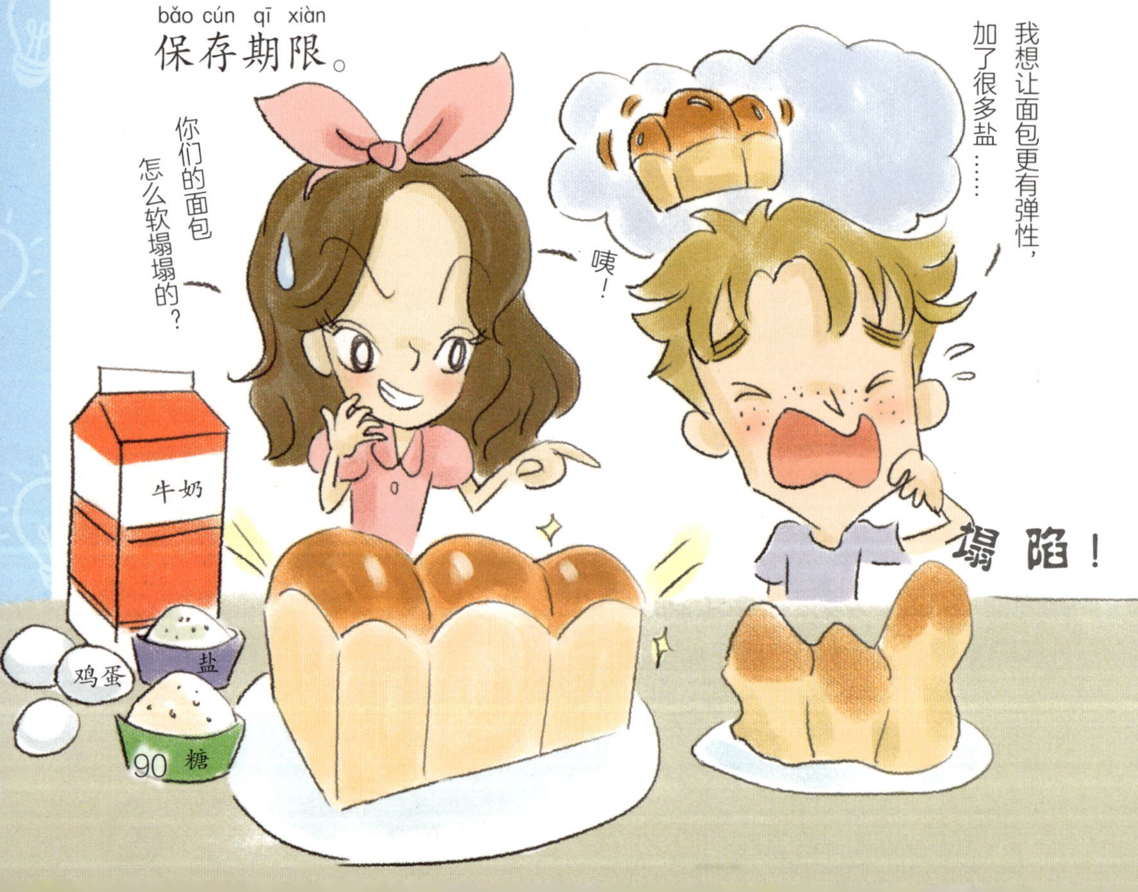

你们的面包怎么软塌塌的？

咦！

我想让面包更有弹性，加了很多盐……

塌陷！

糖是酵母发酵时的养分来源，可以促进发酵，让面包更加蓬松柔软。烘焙后的面包外皮会呈现诱人的褐色光泽和香气，这都与其中的糖类物质被加热到一定程度时发生焦糖化有关。

牛奶和鸡蛋既可以为面包增添营养及香浓的风味，让面包质地更细腻有弹性，还能提升面包的保水性，延缓长时间存放过程中水分的流失。

适量的盐和糖能帮助发酵，加太多反而会抑制发酵哟！

我想烤出更大更蓬松的面包，加了很多糖……

塌陷！

动手做黄油

牛奶含有丰富的乳脂肪,可做成黄油,抹在热乎乎的烤吐司上,简直就是人间美味。

黄油的做法非常简单,准备好罐子和鲜奶油,一起动手做做吧!

将稀奶油倒进罐中,盖紧盖子,摇一摇,就可以做出黄油咯!

摇三十秒,当你听不到液体的摇晃声时,稀奶油就变成奶霜了!

★小叮咛:稀奶油放一半就好,保留摇晃的空间。

加入蒜泥、香料和盐,做成蒜香黄油酱更好吃。

用筛子过滤,自制的黄油就完成了!

利用摇晃产生的离心力,让乳清和乳脂分离,这些块状的乳脂就是黄油。

继续摇二到三分钟,会出现块状的东西,就变出黄油了!

摇!摇!

黄油分离机

早期做黄油是将牛奶静置,直到乳脂浮到上面,形成一层薄薄的脂肪层,但是在等待的过程中,牛奶很容易变质。一直到19世纪,瑞典的工程师发明出"黄油分离机",利用旋转滚筒产生的离心力,将乳清和乳脂分离,可以快速地做出黄油。

什么面包吃多了会让人发胖？

1. 面包种类多，不是每种都容易造成肥胖。
2. 含有较多糖分和油脂的面包更容易导致体重增加。
3. 以全麦粉为主要成分的全麦面包营养全面，比较健康。

不受欢迎的黑面包，成为健康新选择

白面包是由小麦经过去除麸皮、胚芽和一些营养素等加工成的精制面粉做成的。因为精制面粉的纤维含量相对较低，它的饱腹感持续时间较短，加上其中的碳水化合物更易被吸收，消化快容易产生饥饿感。所以，营养师建议控制这种面包的摄入量，只将它搭配

答案 以上皆是

其他营养丰富的食物一起食用。

全麦面包和黑面包保留了更多的谷物营养，其中丰富的纤维还能够延长饱腹感，促进肠胃蠕动，预防便秘。随着人们对营养和健康的关注日益增加，许多人开始更愿意选择过去被视为次等品的全麦面包和黑面包。

你的体重超标了！要多运动，少吃精制淀粉的食物。

糟糕！又变胖了，那我还可以吃面包吗？

恢复面包口感的烤面包机

刚出炉的面包外酥内软,可是放了几天后,口感却大打折扣。这是因为新鲜的面包,放置一段时间后会变得又干又硬,还好经过重新加热,可以大致恢复刚出炉的口感。

为了恢复面包的口感,人们起初用手持铁架来烤。到19世纪,英国发明了第一台烤面包机;20世纪,美国更是推出了有定时功

18世纪锻铁烤面包架

第一台烤面包机

能的双面烤面包机。双面烤面包机省去了烘烤时翻面的麻烦,面包烤好后还会自动弹出,不用担心烤过头。

现在,烤面包机可以说是爱吃面包家庭的必备电器,其功能也不断推陈出新。有的家庭会使用可以调节温度的电烤箱,它不仅能用来烤面包,还可以做出其他美食。

哪个才是面包的最佳保存方法？

1. 放在冰箱冷藏室，低温冷藏最保鲜。
2. 放在冰箱冷冻室，冰冻起来最保鲜。
3. 放在潮湿高温的地方，保湿又保鲜。

答案 2

面包变干变硬的原因

刚出炉的面包随着时间的推移，水分会逐渐蒸发，使面包变干；里头的淀粉也会变硬，就像饭粒放久了变硬一样。不过别担心，只要重新加热，面包就能恢复柔软的口感。

面包淀粉变化的速度主要跟温度有关，大约在零至四摄氏度的环境下，淀粉老化的速度最快,这刚好也是冰箱冷藏室的温度。因此,不要把面包放入冷藏室保存,以免影响口感。

冷冻才是保存面包的最佳方式。冷冻后的面包重新烘烤之后,口感几乎和刚出炉的面包相差不大。所以,面包吃不完应当尽快密封,放入冷冻室保存。

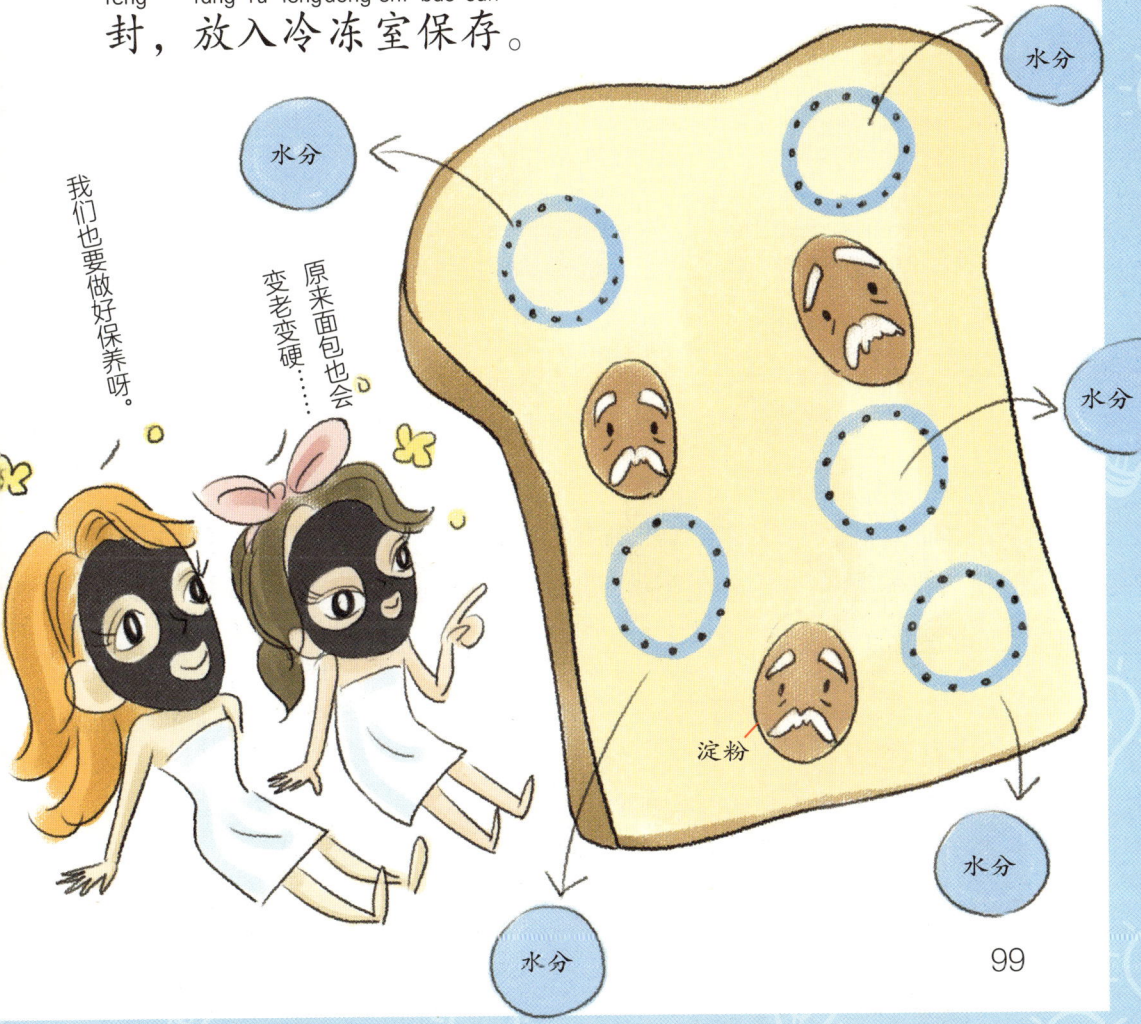

我们也要做好保养呀。

原来面包也会变老变硬……

家用面包机的发明

随着科技的发展,面包制作相关的机器设备也在不断进步和创新。日本在20世纪七八十年代开发了全自动的家用面包机,把揉面的搅拌器、烤面包的加热装置和微电脑芯片,通通放在一台小型机器中。即使不会做面包的人,只要将材料放入面包机中,就能自动完成和面、发酵和烘焙,让人轻松享用刚出炉的面包。

爱思面包屋开张

正当大家期待下一站旅行时,VR小助理告诉大家:"这趟面包之旅,到此就告一段落了。"同学们都意犹未尽。这时,蓝多老师灵机一动,说:"不如我们也开一家面包屋,把这趟旅行看到、学到的面包知识通通展示出来!"大家举双手赞成,紧锣密鼓地准备开店的点子……